4°R Pièce
1855

AF463104

INTRODUCTION[1]

Avec soin examinez bien les paroles de celui ou de celle que vous voyez devenir plus indifférent pour vous. Si l'indifférence n'est qu'affectée, vous saisirez des gestes très caractéristiques pour qui observe attentivement le visage de son partenaire.

Une voix cassante peut marquer la colère, le dédain, la haine, le mépris ou pire : l'intention bien arrêtée de blesser. Laissez prudemment s'avancer cette bourrasque, sans essayer de riposter par des paroles dictées par le dépit et l'amour-propre blessé.

Retenez bien ceci que plus vous serez habile dans votre observation et votre silence — prudemment gardé — dans ces minutes d'angoissante énigme, plus vous sonderez la trace vraie qui vous mènera vers le but que poursuit l'être aimé par vous.

Est-ce un désir de rompre qui se fait voir dans cette attitude? Est-ce au contraire de la jalousie folle, ce qui serait l'indice de soupçons qu'il aurait à tort ou à raison sur vous? Est-ce une querelle d'Allemand qu'il cherche pour avoir un prétexte de cesser de vous causer et pouvoir reprendre — en un mot — sa parole où il vous a fait croire si souvent à une réussite heureuse de cet amour pour vous?

Hélas! toutes ces hypothèses se pressent en foule dans votre cœur bouleversé à la première scène de ce genre jouée par l'être aimé.

Eh bien! je vais vous donner les moyens infaillibles de ramener vers vous par de savantes manœuvres cet être qui a subi l'influence néfaste d'ennemis qui se sont acharnés à détruire votre espoir de bonheur; pire, qui vous ont fait passer pour ce que vous n'êtes pas à ses yeux; qui ont au contraire mis de l'huile sur le feu, après avoir allumé habilement dans son cœur une jalousie et une rancune folle pour vous.

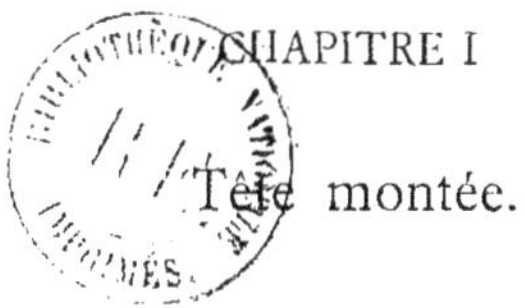

CHAPITRE I

Tête montée.

Un profil ennuyé, des gestes énervés et une attitude indifférente devant votre gentillesse câline, tout montre clairement à vos yeux une idée bien arrêtée de ne plus s'avancer sur le chemin de l'abandon et de la tendresse.

Si vous voyez subitement se manifester le désir de partir plus tôt pour du travail pressé ou bien une course à faire que l'on ne peut remettre à plus tard, ou de la nécessité de se trouver à telle heure dans un endroit quelconque — sans qu'une explication plausible vous soit donnée — c'est l'indice bien arrêté, certain, que celui ou celle que vous aimez veut abréger maintenant les minutes qui, avant, lui semblaient trop courtes pour vous dire combien vous étiez aimé et même adoré.

Cet éloignement momentané de ce cœur qui se ferme presque entièrement à ce moment pour repousser votre amour, à quoi est-il dû? Sinon à une influence néfaste qui a jeté des ferments mauvais qui ont fait fuir les attentions et les tendresses d'avant, pour mettre une barrière réfrigérante entre vos deux âmes qui ne peuvent plus s'unir dans la même pensée d'amour.

Une sorte de suspicion se montre dans ce geste dédaigneux ou indifférent. C'est en quelque sorte un glacial mirage que l'on a mis devant les yeux de l'être aimé qui, avant, se troublait et montrait si sincèrement son amour naissant : intérêt, défiance, crainte pour l'avenir si une union se faisait plus complète entre vous deux, ou bien : jalousie qu'on a habilement fait éclore dans l'âme du bien-aimé.

Cette bouderie marque une rancune qui perce dans ce recul, fait devant votre gentillesse et votre amour. Un doute, un soupçon effleure cette âme subitement inquiète. Une souffrance est visible pour vous dans cet air maussade : votre partenaire croit que votre amour n'est pas aussi sincère que le sien!!! Tout cela, c'est l'indice de potins et de cancans que cet esprit faible a écoutés trop vite.

Apaisez cette âme qui doute de la vôtre! Ce cœur qui s'exalte déjà par la croyance en une simple coquetterie de votre part : par de douces paroles, par une plus grande prévenance, par des attentions plus délicates encore. Si c'est par lettre que dans ses phrases la personne aimée laisse voir ce trouble profond de son cœur, répondez-lui par une lettre plus tendre quelques mots dans ce genre : « Je pense constamment à vous nuit et jour et au bonheur de pouvoir nous causer bientôt! »

Un peu de cette tendresse se détachera subtilement de vos phrases pour apaiser les mouvements tumultueux du cœur qui vous aime et qui, ombrageux, doutait de vous.

C'est par la douceur, les tendres attentions, le charme

de votre conversation ou de vos lettres que dépendra le retour de cet être susceptible, ombrageux et jaloux.

CHAPITRE II

Si l'être aimé devient indifférent.

La preuve certaine d'un être qui cherche à s'éloigner de vous, c'est une réponse brève à toutes vos lettres d'expansion et d'amour.

Énigmatique, semblant se renfermer dans un silence prudent, c'est l'indice que l'être aimé par vous n'est plus aussi tendre, ni aussi empressé qu'il l'était avant, pour répondre à vos douces paròles d'amitié. Que pense-t-il cet être aimé, dans ces moments de froideur et de réserve calculée et voulue? C'est une énigme souvent pour vous.

Eh bien! dites-vous tous, hommes, femmes ou jeunes filles, quand l'être que vous aimez follement semble éviter votre rencontre! Quand cet être ne répond qu'évasivement à vos questions ou à vos reproches! Quand cet être reste comme glacé devant toute votre gracieuse prévenance : c'est qu'une autre personne occupe sa pensée, c'est que l'amour, que vous aviez cru être souverain dans son cœur pour vous, est sur le point de disparaître à jamais, si vous ne savez pas — avec habileté — trouver les moyens sûrs de mettre, entre cet être et la pensée obsédante d'un ou d'une rivale, une barrière qu'il ne pourra pas franchir pour aller trouver cette personne.

Cherchez habilement par des phrases moqueuses, où ne percera pas le fond intime de votre pensée, à lui faire avouer cette traîtrise à votre amour. Montrez-lui que vous n'êtes pas jaloux ou jalouse, faites-lui voir qu'il n'est pas indispensable cet être adoré par vous, à votre bonheur. Excitez en un mot sa jalousie en lui laissant croire que vous êtes recherché par une personne qui, celle-là, est follement emballée.

Si l'être aimé par vous n'est pas un vulgaire coureur qui ne cherchait qu'une amusette passagère, son cœur sera troublé; le peu de tendresse qu'il aura eu pour vous se révoltera à l'idée qu'une autre personne puisse vous plaire. Vous exciterez habilement cette rage naissante et cette haine contre cet inconnu qu'il voudrait que vous lui nommiez. Résistez! D'une voix ironique et moqueuse, faites-lui comprendre que vous faites exactement comme lui, que, vous aussi, vous pouvez plaire à tous ou à toutes.

L'être aimé par vous, plus souvent cherchera à vous voir, à vous rencontrer, une correspondance plus active se fera entre vous deux; lentement, il viendra se jeter dans le piége habile que lui aura tendu votre ruse. C'est par une plus grande coquetterie que vous vous l'attacherez, car c'est un être vaniteux qui croit qu'il peut plaire à tout le monde et qui, faible devant la ruse de la flatterie habile, se laissera prendre au trébuchet que vous aurez mis devant sa légèreté et son inexpérience du cœur humain.

CHAPITRE III

Quand l'être aimé est infidèle.

La nouvelle, donnée par lettre, d'une affaire qui ne peut être remise, du regret de ne pouvoir encore cette fois venir au rendez-vous fixé — malgré l'affirmation sur d'autres lettres que, cette fois-là, nulle puissance ne pourra l'empêcher de se rendre près de vous — tout vous crie : c'est une ruse pour éviter une explication orageuse que cet être, adoré par vous, redoute sur son manque de parole déjà, les autres fois où, sans vous prévenir du tout, il a brillé par son absence à cette entrevue, que vous aviez crue avoir à tel endroit, l'autre jour avec lui ou elle.

Le ton est-il tristement évocateur de regrets qui semble être dictés par une souffrance réelle? Ou bien le ton laconique, sec au contraire, semble-t-il vouloir vous faire comprendre qu'il est inutile d'insister? — Il ne peut pas venir, voilà tout, il faut en porter votre deuil — prouve dans le premier cas que, si les phrases aimantes couvrent le papier et semble être comme une plainte amoureuse qui s'excuse et ne peut faire autrement, vous devez garder au fond du cœur l'espoir d'un retour très vite près de vous.

Dans le deuxième cas, au contraire, méfiez-vous des phrases cassantes, sans explication acceptable, laconiques qui semblent vous dire : « Zut ! je ne veux pas discuter avec toi ! » C'est l'indice que l'aimé a quelque part une attache nouvelle, peut-être pire : une liaison qui ne lui laisse même pas le temps d'être poli ou simplement loyal à votre égard.

Comprenez de suite la situation, voyez ce qui vous reste à faire et ce que vous pouvez tenter. Épuisez les lettres douces, aimantes, sans reproche. Ne faites pas allusion aux mensonges que, bientôt, vous verrez percer dans les froides réponses qu'il fera ; mais, plus habilement tournez vos regards vers un point capital que vous devez fixer toujours : amener cette nature frivole à revenir vers vous par le charme (1) de vos lettres, par la diplomatie de votre attitude, par la fascination de vos phrases aimantes qui mettront devant ses yeux toujours la vision de votre gentillesse, de votre douceur, d'un caractère égal et d'une nature caressante et affectueuse, armes plus habiles mille fois que la colère, les insultes, les reproches, les folles provocations.

Vous aurez un résultat toujours, quelquefois au bout de plusieurs mois c'est vrai, mais sûr, si vous suivez à la lettre les indications données pour triompher de votre rival ou rivale, de celui ou de celle qui vous a pris le cœur du bien-aimé, qui a jeté sur vous, pire que l'abandon, le dégoût ou le mépris pour vous de l'être aimé.

(1) Voir du même auteur Méthode pratique « Le charme et la fascination »

CHAPITRE IV

Jalousie de l'être aimé.

Cachant soigneusement le nom de celui ou de celle qui l'a renseigné sur votre conduite, mais vous faisant des allusions blessantes au sujet de votre fidélité à la foi jurée, c'est l'indice d'une souffrance âpre, d'une sorte d'obsession qui fait revenir sans cesse sur les lèvres de l'être aimé les paroles amères qui, du cœur qui souffre, lancent vers vous ses flèches perfides et empoisonnées par la rancune, le doute, pire la croyance en une tromperie possible de votre part.

L'être aimé a l'attitude en ce moment d'un être malheureux, mais aussi très méchant qui souffre et surtout veut faire souffrir autour de lui tous ceux qui l'approchent. Si vous essayez de vous disculper en disant : — Mais non, je t'assure, je ne te trompe pas!! Une explosion nouvelle de rage froide apparaîtra subitement, tout le nervosisme de cet être aimé se fera voir dans des rires forcés et surtout dans de dures paroles telles que : « Après tout, je m'en moque pas mal! Je ne t'ai jamais aimé, va, tu peux bien me tromper si tu veux! »

Sans rien laisser voir de ce que vous ressentez réellement dans ces chocs reçus par votre vanité, plaisantez, essayez de rire de ces termes blessants, répondez sur le même ton — mais avec ironie — semblez être même enchanté de la tournure que prend cette conversation.

L'être aimé, follement énervé, subitement s'apaisera. Une grosse émotion le prendra : Comment? Vous acceptez tout ce qu'il dit? Vous êtes donc capable de trahison? Des piqûres au cœur lui feront exhaler sa crainte de vous voir prendre à la blague son amour. L'amour-propre que vous blesserez de votre ami ou amie sera le meilleur atout mis devant vous pour faire revenir, très vite à vous cet être qui vous aime, vous adore, mais est jaloux : il croit que vous le trompez, il veut savoir si c'est vrai, mais il ne veut pas dire d'où il tient ces renseignements-là. Haussez les épaules et, comme vexé tout à coup, partez en disant simplement : « Eh bien! peut-être! mais je suis libre de mes actes!... »

Dans des lettres d'exquise tendresse, l'ami ou l'amie vous suppliera de lui accorder un rendez-vous, il veut vous parler, il veut vous voir, il veut vous dire qu'il croit en votre fidélité maintenant.

Répondez laconiquement, abrégez les entrevues ou bien plutôt n'écoutez pas ses prières, trouvez un prétexte pour mettre un plus long temps entre votre premier rendez-vous.

Après cette bourrasque l'être aimé, dominant les battements tumultueux de son cœur, tout tremblant, fera voir le trouble profond de son âme : il aura eu peur, il aura cru dans sa folle jalousie à une trahison de votre part.

Mais pour vous toujours la pierre de touche — pour

voir si cette scène est simulée ou réelle — est de prendre à la blague ses menaces, de le faire aller jusqu'au bout de ses coléreuses paroles, de sonder par une attention soutenue chaque phrase et de voir percer l'amour vrai — mais jaloux — de celui ou de celle que vous aimez dans cette douceur enveloppante, dans cette folle attente pour vous voir, après les éclairs de colère et la haine même que vous aviez cru apercevoir dans son langage avant pour le rival ou la rivale exécrée. Dans son imagination surexcitée par la jalousie, l'être aimé avait cru vous voir dans les bras d'un autre, qui vous tenait en sa possession ou vous écrivait des billets d'amour, que vous auriez reçus traîtreusement en cachette.

C'est une nature jalouse qui veut être maîtresse exclusive de vos pensées, de vos instants, de votre cœur, de vous-même, mais qui n'admet pas la frivole banalité d'un compliment que l'on pourrait vous faire. Vous serez victorieux ou victorieuse toujours sur cet être dominateur à la passion brutale et vaniteuse.

CHAPITRE V

Quand la famille de l'être aimé agit sur sa volonté.

Découvrir chez l'être aimé une gêne, une tristesse mélangée de timidité comme si un secret l'étouffant et qu'une sorte de honte l'empêchât d'avouer une faute commise par lui, c'est l'indice sûr d'une pression morale faite par quelqu'un sur les pensées de cet être aimé.

Des excuses, une plus tendre pression de mains, mais de l'hésitation pour accepter un rendez-vous et surtout une peur qui se manifeste qu'on l'aperçoive quand, avant, cet être semblait se moquer de ce que le monde pourrait dire, prouvent qu'il obéit malgré lui — et contre son cœur qui souffre et aime encore — à une force plus grande qui l'entraîne, cherche à le mener dans un autre chemin que celui où vous marchiez tous deux, la main dans la main et le cœur battant à l'unisson avant.

Pour quels motifs cet être se laisse-t-il guider vers ceux qui ont un intérêt quelconque à briser votre amour? Est-ce parce qu'il aime une autre personne que vous?

Non! Il n'aime que vous, il vous adore plus encore qu'hier, mais il est faible devant les reproches de sa famille ou d'amis qui lui ont fait croire à des ennuis pour lui plus tard, s'il persistait dans cette passion et se laissait entraîner à afficher cette tendresse pour vous. Il est orgueilleux et vaniteux et on a fait miroiter devant ses yeux sa position qui peut d'un moment à l'autre devenir plus belle et lui permettre de briller dans un monde plus haut que celui d'où vous sortez.

C'est par la vanité que l'on a pris cet être et qu'on en a fait une sorte de somnambule qui vient encore au rendez-vous fixé, mais dont l'esprit et les pensées sont ailleurs. C'est par l'orgueil que l'on a brisé entre vous les liens si purs de la confiance, de l'expansion de la loyauté qui, avant, vous faisaient fidèlement vous rendre compte de ce qui se passait au plus profond de votre cœur à tous deux.

Aujourd'hui cet être aimé a un secret pour vous qu'il vous cache : ce sont les paroles perfides qu'il a entendues sur votre famille, les potins qu'on lui a répétés sur vous aussi ! C'est tout le méprisable échafaudage de la médisance que l'on a mis entre lui et vous et qu'on a dressé comme une barricade pour lui faire comprendre qu'il ne pouvait pas vous aimer pour de bon, que toute cette passion ne devait être qu'un passe-temps agréable et non un roman éternel. C'est par ces manœuvres infâmes que l'on a mis le doute dans son cœur et que, faible de caractère et sans volonté il a accepté, sans même chercher à lutter pour faire tomber toutes ces vilenies et écarter cette boue jetée sur les vôtres, ne se donnant même pas la peine d'un examen attentif pour avoir des preuves irréfutables.

Cet être aimé est sans volonté aucune, il s'est laissé adorer, il vous a beaucoup aimé, mais il ne lutte pas contre une volonté plus forte que la sienne.

C'est par la fascination seule que vous ramènerez à vous cet être que l'on détourne, que l'on suggestionne lentement et que l'on accable de méchantes allusions pour lui faire rompre cette liaison que l'on redoute dans sa famille.

Vous arriverez à un résultat immédiat prés de cet être qui vous adore toujours, mais qui a subi une influence de sa famille ou d'amis que sa faiblesse de caractère ne peut pas repousser seule.

CHAPITRE VI

Si l'être aimé poursuit un but : celui d'avoir une liaison avec vous.

C'est une peine profonde pour vous quand — sans les avoir mérités — vous voyez dans une lettre des allusions perfides ou bien des reproches non justifiés par votre conduite irréprochable et que vous recevez des phrases dans le genre de celles-ci :

— J'étais fou ou j'étais folle vraiment de croire en vous, vous n'êtes qu'une personne frivole, sans cœur, votre amour n'est que de la distraction ou de l'amusement, tandis que, moi, je vous aimais sincèrement.

Qu'est-ce qui a fait arriver brusquement ce changement dans le cœur et l'âme de celui ou de celle que vous aimez ?

Est-ce une lettre anonyme que l'être aimé aurait reçue? Est-ce au contraire un ami qui chercherait à lui faire rompre cet amour, parce qu'il poursuivrait un but quelconque où son intérêt serait en jeu?

Toutes ces suppositions, vous les faites sans pouvoir déchiffrer cette énigme et, malgré des lettres plus tendres et plus passionnées que vous envoyez à l'être aimé, il répond par de plus ironiques phrases encore.

Eh bien! personne sentimentale que vous êtes, cet être ne vous aime pas avec le cœur; toutes ces tendresses qu'il avait avant pour vous était un jeu habile qu'il jouait. Ses sens seuls vibrent, il n'a pas pour vous l'émotion vraie qui partant du cœur, trouble ses facultés au point de le faire délirer dans des phrases de folle extase sur ses lettres.

Non! cet être est froidement pratique, il poursuit un but : celui de vous amener dans une route qu'il voudrait parcourir avec vous où, tendrement enlacés tous deux, vous vous moquerez de tous sur terre. Il ne veut pas faire de promesses qu'il ne tiendrait pas. Et dans vos lettres, si aimantes et si tendres, il a vu que vous étiez follement épris ou éprise, mais pas de la même manière que lui. Redoutant pour plus tard une rupture qu'il ne veut pas que vous fassiez — s'il vous proposait des choses contraires à la vraie voie droite — il lance habilement sur vous les flèches qui vont effleurer votre amour-propre, blesser votre vanité, exciter votre jalousie et faire de vous une victime, qu'habilement il poussera peu à peu dans un chemin perfide où, par de savantes tactiques, il vous aura conduite.

C'est par l'étude des lettres de la personne aimée, dans la dissection de chaque phrase que vous verrez exactement ce que cherche au juste cet être et si vous pouvez, sans risquer de briser à jamais les barrières de l'honnêteté et de l'honorabilité, suivre votre partenaire là où, savamment, il vous conduit fatalement par sa ruse et sa science du cœur humain.

C'est une étude qui doit être faite avec tout votre sang-froid. Vous devez comprendre — d'après ses paroles ou ses lettres si cette personne aimée désire ce que vous désirez, si elle veut aller là où votre cœur voudrait qu'elle vienne. C'est par une attention soutenue que vous verrez exactement le fond du cœur de votre ami ou amie. Le ton badin et léger, les paroles ironiques, lancées chaque fois que vous protestez contre une chose que vous ne pouvez faire sans vous compromettre, vous montreront le désir seul de s'amuser, de contracter une liaison qui ne vous laisserait après que douleur, honte ou remords, mais tout vous crie :

Celui-là ou celle-là n'aime pas, c'est une personne sensuelle qui recherche le plaisir seul, que les sens peuvent procurer mais qui n'a qu'un but : passer quelques moments de distraction, quitte à laisser son partenaire après mourir peut-être de douleur et de regrets.

CHAPITRE VII

La timidité chez l'être aimé.

Avant de croire à une indifférence complète de la part de l'être aimé observez attentivement tous ses gestes. Est-il embarrassé? Semble-t-il rougir, balbutier, ne répondre qu'à demi-mot à vos reproches ou vos moqueries? C'est l'indice sûr que cet être est follement épris mais ne sait pas, ne peut pas — par une timidité qui est la preuve sincère de son amour — répondre à vos phrases ironiques qui ont l'air de se moquer de sa passion naissante.

Comme une statue plantée devant vous, rougissant ou pâlissant tour à tour, l'être aimé semble bien gauche et bien emprunté; mais si vous regardez attentivement cet être, si vous faites attention lorsque l'entretien prendra fin — quand dans la pression de mains où il semblera mettre toute son âme, dans cette douce étreinte où, comme une caresse, il cherchera à vous retenir un peu plus longtemps — vous sentirez l'amour vrai, sincère, loyal, l'amour fou qui enveloppe de ses chaînes invisibles — mais fortes — cet être :

Tout vous criera :

Celui ou celle-là est pris, rien maintenant ne pourra le détourner de moi, ni ses amis ni la question d'intérêt — s'il est plus riche que vous — ni le souci d'une position à faire ou à garder, rien que le désir ardent, brûlant d'unir complètement sa destinée à la vôtre. C'est une nature sentimentale qui a été touchée profondément par votre fluide à vous, qui a été comme suggestionnée par vos regards où votre volonté — plus forte que la sienne — en a fait votre esclave. Cet être vous suivrait au bout du monde sur un seul signe de vous, parce que cette nature, éminemment impressionnable et suggestionnable, a reçu le courant sympathique qui vous a attaché pour toujours mystérieusement à son cœur, mais aussi à son âme même.

C'est par le trouble complet de la physionomie, par la timidité des gestes, par l'oppression que vous sentez dans toutes ses paroles que vous verrez clairement à quel degré de la passion cet être est arrivé. C'est par une sorte de crainte que l'on puisse vous voir tous deux qu'il manifestera encore plus son trouble; sans s'en rendre compte, cet être voudrait s'isoler avec vous au fond d'un désert, tout lui porte ombrage : les passants qui peuvent vous regarder tous deux causant gentiment au coin d'une rue, les indiscrets qui peuvent lire ses lettres — s'il écrit — toute cette peur irraisonnée de l'être qui aime follement, et qui ne veut pas que personne puisse effleurer — même d'un regard — son idole.

C'est par la timidité de l'être aimé que vous jugerez le véritable amour, la passion qui est prête à toutes les folies, aux pires résolutions : même celle de fuir avec vous si quelque chose se mettait en travers de vos désirs à tous deux.

L'être aimé, quand il présente toutes ces particularités, est bien celui ou celle sur lequel s'est produit complètement l'envoûtement, c'est-à-dire que vous avez pris possession complètement de son cœur, pire de son âme même.

Vous en ferez ce que vous voudrez : un exalté qui vous obéira en tout et pour tout, dût-il briser tous ses liens de parenté avec sa famille ou la plus belle des positions à cause de vous, rien que pour un sourire de vous et où chien fidèle, couché à vos pieds, vous serez l'idole qu'il mettra sur un piédestal pour l'adorer nuit et jour.

CHAPITRE VIII

Quand l'être aimé est bon garçon, mais léger et coureur.

Comment reconnaître la légèreté d'un être aimé? Est-ce par son indifférence à votre égard? Est-ce par son manque d'exactitude dans ses rendez-vous? Ou bien est-ce dans ses paroles qui, toutes, visent un but pour s'amuser seulement, sans penser à l'avenir, ni à ses graves engagements qu'il va prononcer?

Tout est à étudier, dans cet être, depuis le manque de parole à tenir des promesses faites de se rendre sans faute à telle heure, tel endroit, tel jour, à votre rendez-vous, jusqu'aux gestes inscouciants qui essayeront de prouver que ce n'était pas sa faute : il ne se rappelait plus! Tout cela vous montrera la nature légère qui ne cherche que l'amusement et qui est incapable de fixer ses idées sur un point que, vous, vous visez : unir votre destinée à celle de cet être charmant, quand il s'agit de plaisanter et de rire, mais réfractaire à toute idée sérieuse pour se lier définitivement pour la vie entière.

Cet être est sans méchanceté aucune, il a même bon cœur, mais il est jeune de caractère, c'est un gosse qui ne veut pas songer aux ennuis futurs si, par malheur, il perdait sa liberté. Ivre de la joie de vivre, il veut que toutes les minutes qu'il passera en dehors de son travail soient des minutes d'amusement, de joie, de bonheur et surtout de rigolade.

Très amoureux souvent, il montre dans tous ses gestes l'ardente nature qu'il a, qui veut plaire et être aimé de tous ou de toutes. Très câlin, faisant rayonner son exubérante gaîté autour de lui, il est le boute-en-train toujours dans n'importe quelle société! C'est une nature égoïste, sans malice, sans méchanceté, mais incapable d'aimer profondément. Tout est superficiel chez cet être : ses caresses, ses expansions, toutes ses paroles sont l'expression seule de son tempérament qui se manifeste sous plusieurs aspects, sans jamais que le cœur en soit troublé! C'est la nature qui plaît souvent hélas! et qui fait tant de malheureux ou malheureuses sur terre. Très coquet, ne laissant pas passer une seule occasion pour montrer sa grâce et ses attentions empressées, c'est l'individu qui prend à la glu de sa fatuité et de son habileté à trouver les phrases qui plaisent, le chemin du cœur de celui ou de celle qui croit sérieusement ses démonstrations passionnées d'amour.

Pourtant un point faible est dans cette nature : c'est une grande admiration pour tout ce qui touche sa position, sa personne, ses travaux. Avec habileté, quand vous vous trouvez devant un de ces êtres-là, vantez l'intelligence de son esprit. Vous verrez peu à peu la cuirasse de cette indifférence s'ouvrir pour laisser passer la flèche habile de la flatterie qui fera naître pour vous un courant d'amitié.

C'est par une attitude réservée, et calculant habilement et patiemment le moment où vous frapperez sur cette armure de la vanité, que vous prendrez sur cette nature un empire qui vous fera victorieux toujours un jour ou l'autre. Délaissez les scènes, les reproches! Étudiez attentivement les gestes de cet homme ou de cette femme, faites semblant d'être amoureux ou amoureuse et attendez patiemment l'instant où vous frapperez avec réussite le point faible du cerveau de cette personne, la gloriole, la vantardise, la vanité qui, croyant vous avoir follement enlacé dans ses filets, laisseront enrouler autour d'elles le charme captivant de votre grâce, de votre intelligence, de votre bonté qui auront été les armes pénétrant au fond même du cœur de celui ou de celle qui ne croyait jamais pouvoir aimer quelqu'un un jour.

CHAPITRE IX

Quand l'être aimé a une liaison.

La preuve est certaine d'une liaison dans la feinte amitié d'un être qui semble répondre encore à vos tendresses mais a pourtant une froideur voulue, calculée et non dissimulée dans la manière dont il repousse toute tentative de votre part de vouloir le faire venir, soit pour se présenter à votre famille, soit pour passer avec lui quelques moments d'intimité.

C'est par les gestes énervés et comme agacés que vous verrez clairement l'ennui d'être là, près de vous, au lieu d'être près d'une autre personne qui lui plaît mieux.

Avez-vous peur que cet être-là rompe? Et dans cette émotion qui vous étreint le cœur, si vous cherchez à épancher plus encore la tendresse débordante de votre cœur, de suite vous voyez se contracter dans un geste de colère, les traits de cet homme : c'est avec brusquerie qu'il vous quitte, — sans adieu presque — comme s'il avait une intention bien arrêtée de cesser toute conversation ou toute demande indiscrète.

Tout dans son attitude vous criera : celui-là ou celle-là aime autre part et pire a des relations avec celui ou celle qu'il aime; si, avant d'agir ainsi, il avait été plus expansif et plus aimant près de vous.

Quelle cause attribuer à sa trahison, car sûrement cet être ne connaissait personne avant ces gestes subits qu'il a maintenant vis-à-vis de vous?

Vous avez devant vous un dilemme posé qui est facile à résoudre : ou bien il a été détourné habilement par une personne qui a su émousser ses sens et l'attirer vers elle; dans ce cas sa nature passionnée seule est coupable; ou bien il est tombé dans les bras d'une autre par rage, par dépit, parce qu'il ne pouvait ou n'osait pas vous faire une proposition qu'il savait d'avance devoir être repoussée par vous.

Cet être dans ces deux cas est faible de caractère et surtout impulsif, n'ayant pas la force de dominer ses nerfs ni ses sens. C'est un passionné qui se laisse entraîner à toutes les extravagances de la passion. C'est un être sans volonté aucune qui peut être très aimant, très bon, mais qui n'a pas l'énergie nécessaire pour lutter contre ses désirs ou les flèches perfides que des personnes sans scrupules peuvent lancer sur lui.

Eh bien! Délaissez les moyens violents qui consistent à faire des reproches qui ne seraient que de l'huile mise sur le feu, dans ce cas extrême d'une trahison que vous avez sentie et dont vous êtes presque sûr. Agissez par des armes plus fortes que celles qu'emploie vis-à-vis de l'être adoré par vous celui ou celle qui vous l'enlève.

Reprenez par d'habiles manœuvres (1) celui ou celle qui vous aime encore, qui est infidèle c'est vrai, mais qui peut revenir, qui reviendra même sûrement quand vous aurez agi par la douceur et la patience, qui, seules dans ce cas extrême — où votre amour pouvait sombrer tout à coup dans la plus lâche des trahisons — vous donneront une victoire qui enlèvera à votre rival ou rivale la force de l'attirer et de briser à jamais votre beau rêve d'amour.

CHAPITRE X

Quand on a agi sur la volonté de l'être aimé par des manœuvres malhonnêtes.

Pourquoi cette froideur, cette colère même, quand vous avez de tendres attentions et que vous lui envoyez

(1) Voir du même auteur *La Séduction par le Charme.*

des lettres de plus en plus câlines? C'est une énigme pour vous souvent que l'attitude de cet être aimé qui se dérobe, qui ne veut pas répondre à vos questions et qui même, souvent, vous fuit.

Ne mettez pas sur le compte d'un amour parti pour toujours cette mauvaise impression que vous fait, par exemple, une de vos lettres retournée sans la lire. Il y a chez cet être qui, quelques jours avant, était si tendre une mystérieuse influence qui a agi sur son cerveau, sur son cœur, qui a ébranlé sa foi en vous, qui a mis entre vous et l'aimé ou l'aimée une barrière de glace. C'est une suggestion que l'on a fait habilement sur ce cerveau qui a subi ce choc nerveux qui a fait douloureusement vibrer son cœur de jalousie, de haine, pire de répulsion pour vous.

Que ce soit un homme ou une femme qui vous manifeste brusquement son dédain, sa colère, sa haine qui, pire, refuse de répondre à toutes vos demandes d'une entrevue pour s'expliquer ensemble, c'est l'indice sûr que l'on a travaillé habilement cet être, qu'on l'a détourné par des moyens lâches qui ont agi sur sa volonté, que l'on a pour ainsi dire ensorcelé ce malheureux ou cette malheureuse et que, subissant cette sorte d'envoûtement, il a brusquement tourné le dos à toutes vos tendresses, à toutes vos lettres amicales et aimantes; à tout — même ce qui pouvait le rapprocher de vous.

Comment faire dans ce cas-là qui est le plus grave, où puisse se trouver votre amour violent et ardent, et qui veut quand même — malgré l'injustice de cet être-là et son indifférence glaciale — le reconquérir, l'amener doucement à reconnaître qu'on lui a menti, qu'on a fait des manœuvres canailles pour s'emparer de sa volonté sans qu'il s'en doute?

Eh bien! laissez l'être aimé pendant quelque temps — huit ou quinze jours — sans nouvelles de vous; puis, après, agissez par le Charme vous aussi et la Fascination et voyez bientôt revenir complètement à vous cet être aimé, délivré par vous des obsessions et des cauchemars affreux, que des gens sans loyauté ont fait arriver sur lui pour anéantir, affaiblir son amour, le désemparer, faire de cet être — énergique avant — un somnambule que l'on mène sans qu'il sache où, serait-ce même dans des pièges pour lui faire oublier celui où celle qu'il aimait avant si ardemment, qu'il n'a pas oublié, mais dont on enveloppe le souvenir de dédain, de mépris, pire de glace!

CHAPITRE XI

Quand l'être aimé veut rompre.

La menace d'une rupture par des lettres auxquelles on ne répond plus, ou bien par des refus de s'expliquer, au sujet d'une absence qui se prolonge dans vos rendez-vous d'amour, c'est la peine la plus grande que puisse ressentir celui ou celle qui a mis tout son espoir de bonheur dans cette liaison et qui voit, qui sent que l'être aimé se dérobe, se lasse, pire veut rompre pour toujours.

Amoureux ou amoureuse, ne vous laissez pas abattre par le chagrin fou qui enlèverait toute votre présence d'esprit et surtout par la jalousie — mauvaise conseillère toujours — qui vous ferait exhaler dans des lettres blessantes toute la douleur vraie de votre cœur meurtri.

Au contraire, faites celui ou celle qui n'a pas l'air de s'apercevoir de cette lâcheté, de cette traîtrise à la foi jurée, avant, avec tant de serments d'amour. Envoyez toujours vos lettres, mais changez le sens de vos phrases, ne parlez plus d'amour, demandez à rester un ami ou une amie dévouée qui, toujours se rappellera les bonnes heures de causerie ou de tendresse passées ensemble. Laissez voir que vous ne chercherez pas à vous venger, même si cet amour, qui était pour vous toute la vie, devait être brisé à jamais par des circonstances indépendantes de la volonté de celui ou de celle que vous n'aurez pas l'air de rendre responsable de cette horrible déception, faite à tous vos beaux projets d'union pour la vie entière.

Celui ou celle que vous aimez, surpris, malgré lui sentira un vague trouble l'envahir, une sorte de remords peu à peu montera dans son cerveau : ce sera le trouble de la conscience de celui qui — honnête avant l'acte lâche qu'il accomplit un jour — sent une angoisse étreindre sa volonté, son énergie, pire, semble vouloir placer une barrière entre lui et sa conduite nouvelle, comme pour lui donner le temps de se ressaisir, de réfléchir à ce qu'il va perdre pour toujours.

Une réponse vous sera faite au bout de quelques lettres envoyées dans ce style conciliant et indulgent pour cette trahison. Sans y penser, l'être aimé fera voir exactement le fond de son cœur. Est-il vraiment décidé à la rupture? et veut-il rompre sans espoir de retour? Un silence complet sera l'indice sûr que rien ne pourra être tenté sur cet être par la persuasion, que, seule, une attraction magnétique pourrait faire aboutir vos efforts vers le but que vous poursuivez.

Mais si vous êtes décidé à tout essayer, à tout risquer pour que cet être revienne, il vous faut des atouts plus forts que votre gentillesse, que vos douces lettres, que vos attentions passionnées, il vous faut agir sans retard par la fascination qui, seule, attirera de nouveau cet être à vous.

Une idée fixe est dans le cerveau de cet être. Cette idée fixe, c'est rompre avec vous. Faites tourner à votre profit cette surexcitation cérébrale de l'être que vous aimez. Agissez avec habileté, suivez attentivement tout ce qui vous est dit dans ce chapitre et au lieu de vous désoler, de croire votre bonheur à jamais brisé, soyez au contraire le lutteur qui veut vaincre et réussir, même aurait-il devant lui un adversaire armé de toutes pièces qui se tient sur ses gardes, qui le brave, qui voudrait le voir, pantelant, à ses pieds, pour triompher de ses dernières résistances et lui laisser enfin la place libre pour d'autres exploits amoureux.

Eh bien! luttez, puisque cette lutte il l'a lui-même provoquée par son attitude dédaigneuse, mais avec ruse, tactique et sans que l'être aimé se doute de ce que vous allez tenter sur sa volonté.

Vous aurez toujours un résultat qui sera plus beau

que ce que vous aurez pu espérer : faire votre esclave de celui qui voulait fuir, qui se dérobait à votre tendresse, de celui qui niait vous avoir aimée.

C'est par ces moyens secrets et infaillibles que vous le ramènerez pour toujours à vous.

CHAPITRE XII

Mauvaise foi de l'être aimé.

La mauvaise foi de l'être aimé ou aimée, ses mensonges qui sont autant de preuves d'une chose qu'il veut vous cacher, ce verbiage faux qui semble vouloir toujours conter des histoires que vous ne pouvez plus croire — vous ayant dupé plusieurs fois de cette manière — c'est une volonté arrêtée de s'évader le plus tôt possible d'une situation qui lui pèse et qu'il veut voir finir.

Avez-vous des armes contre lui? C'est-à-dire des lettres où, là, plus expansif et plus aimant, il vous faisait des confidences sur ses ennuis avec sa famille ou pour sa position qui n'était pas assurée encore et où, indécis, il voulait attendre avant de s'engager dans une route qui le mènerait à contracter avec vous une union irrévocable. Vous aviez cru naïvement à tout cela.

Relisez attentivement ces lettres-là. Voyez-y une tendresse vraie, mais aussi la peur d'une chaîne qu'il ne veut pas voir attachée après sa liberté. C'est toujours un indice sûr pour vous que de comprendre le sens même des phrases, seraient-elles plus enflammées, car toujours le faux langage se verra dans des mots tels que :

— Je ne sais que faire, attendons plus tard, peut-être pourrai-je vous répondre plus catégoriquement!

Cet être-là montre clairement la ruse, la méfiance, pire, le désir de ne pas continuer avec vous ce beau roman d'amour, ou du moins de ne pas l'achever dans une voie honnête et loyale.

Gardez-vous de montrer que vous sentez tout cela. Réfléchissez bien avant de parler ou d'écrire à cet être aimé ou aimée. De votre manière d'être dépendra le choc télépathique qui touchera chez lui la corde sentimentale qui, du cœur troublé et ému, fera vibrer toute la sensibilité nerveuse et se propagera jusqu'au cerveau de cet être pour le faire délirer, le mettre dans une exaltation assez grande pour qu'il renonce à tous ses projets de frivolité, et même à son désir de rompre.

Vous aurez alors une force réelle surlui par la ruse de la conversation. Vous n'aurez pas l'air de désirer — vous non plus — que cet amour continue. Vous exciterez les sens de votre partenaire dans des lettres très aimantes, très fines, mais où le mot « union » ne sera jamais prononcé.

Vous aurez tout à coup devant vous un être exalté à l'idée que, peut-être, vous acquiescerez un jour ou l'autre à ses désirs passionnels. Mettez habilement devant lui un refus, mais amicalement prononcé. Excusez-vous de ne pas pouvoir vous rendre où il veut. Faites valoir l'ennui que vous avez, vous aussi, dans votre famille qui commence à se douter de ce flirt que vous avez ensemble. Faites celui ou celle qui, fou ou folle d'amour, ne renonce au plaisir que parce qu'il ou elle ne peut pas absolument être libre à cette heure-là. Laissez monter peu à peu cette surexcitation des sens au cerveau de l'aimé ou l'aimée, quand cet être sera au point voulu pour s'engager formellement. Vous aurez la certitude de ce moment quand vous verrez cet être, comme anéanti par votre présence, ne pouvant supporter votre regard, sans qu'un trouble très grand se manifeste sur ses traits, qui, comme électrisés, feront voir les émotions vraies qui, du cœur, montent à la tête qui s'exalte peu à peu et cherche à régler de suite cette question sentimentale avec vous.

Décidez cet être à se présenter à votre famille. Dans ce milieu honnête qui lui sourira et lui fera un accueil sympathique, toutes ses résistances partiront et le mot, que vous n'avez pas pu arracher de ses lèvres avant, partira un jour ou l'autre dans un moment de confiance dans l'avenir, de joie de ne plus vous quitter, pire, du désir d'étreindre enfin ce que ses rêves enfiévrés d'amour mettaient continuellement devant ses sens exaspérés.

CHAPITRE XIII

Le retour de l'être aimé par la ruse des phrases charmeuses.

L'absence de l'être aimé se prolongeant sans nouvelles, sans qu'aucune réponse à vos lettres vous parvienne, donne toujours pour résultat une grande anxiété, un trouble indéfinissable, la peur d'une rupture complète et surtout la crainte d'être délaissée pour une cause de calomnies qui, en l'éloignant de vous, ont pu être acceptées par lui ou elle.

Dans ce cas extrême où tout vous échappe à la fois — l'analyse de ses lettres ne pouvant plus être faite, puisque vous n'en recevez plus — comment arriver à forcer cet être à se souvenir et à reprendre la bonne camaraderie d'autrefois? Par des tiers souvent, le résultat peut être bon. Mais, mieux encore, en ne vous fiant qu'à vous.

Dans ce cas là, employez la ruse et ne vous démasquez pas complètement. Laissez venir les remords, le regret chez cet être et donnez-lui à penser que vous acceptez ce lâchage vous aussi. Ecrivez toujours, mais des lettres comme un ami ou une amie dévouée. Ne laissez pas voir la jalousie qui vous étreint le cœur; au contraire, faites celui ou celle qui admet très bien son silence et qui le met simplement sur le manque de temps pour vous écrire.

L'être aimé ou aimée, d'abord énervé en recevant

vos lettres, les relira plus lentement. Il ou elle épèlera les phrases qui, toutes, ne parlent que d'un souvenir affectueux, donné à celui ou celle dont on a gardé un excellent souvenir. Très perplexe, cet être se demandera s'il a eu raison d'agir ainsi : vous ne méritiez pas ce lâche abandon. Dans le cœur de cet être, il se passera ceci : un doute lui viendra que, peut-être, il brise un bonheur qui eût pu embellir sa vie. Et peu à peu vos phrases, agissant sur sa volonté, vous verrez un jour l'être que vous adorez répondre par un mot banal quelconque, à vos patientes épreuves. Pourtant, ce mot banal cachera tout un poème.

C'est par la réponse qu'il aura faite dans un moment où sa résolution de terminer cette passion fléchit que vous sentirez qu'il revient, qu'il est ou qu'elle est de nouveau conquis ou conquise. Vous ne ferez pas semblant de voir ce geste énigmatique pour d'autres que pour vous ; mais votre cœur ému, avec joie, ressentira une soudaine espérance : celle de pouvoir le ramener à vous.

Vous aurez toujours un résultat final, qui sera la reprise de ce cœur qui n'était pas complètement glacé pour vous. Vous serez étonné de la rapidité avec laquelle votre amour sera de nouveau partagé, car par le Charme vous aurez rompu la barrière glaciale, que des méchants ou des envieux avaient essayée de mettre entre vos deux âmes par leurs calomnies, pire leurs désirs de nuire à tous ceux qui s'aiment sur terre.

CALYPSO.

Imprimerie BURDIN et Cie, rue Garnier, 4, Angers.

www.ingramcontent.com/pod-product-compliance
Ingram Content Group UK Ltd.
Pitfield, Milton Keynes, MK11 3LW, UK
UKHW021030200726
13857UKWH00004B/1682